Kutter in Büsum

Peter Thede

Kutter in Büsum

Alle Fotos sind aus der Privatsammlung von Peter Thede

Bibliografische Information der Deutschen Nationalbibliothek:
Die Deutsche Nationalbibliothek verzeichnet diese Publikation in der Deutschen
Nationalbibliografie; detaillierte bibliografische Daten sind im Internet
über http://dnb.d-nb.de abrufbar

© 2011

Herstellung und Verlag: Books on Demand GmbH, Norderstedt

ISBN: 9783844800081

Verehrte Leser/innen, mit diesem Bildband möchte ich verschiedene Kutter,
die in Büsum beheimatet sind,
sowie diverse andere "Gast"-Kutter, etwas näher bringen.

Doch nicht nur Fotos sind hier zu sehen.
Nach besten Gewissen habe ich ein paar Kutterdaten wie Länge und
Breite und vieles mehr für den Kutter-Interessierten aufgeschrieben.

Warum ich die Kutter vorstelle ?

Ich denke mir, da sie zum einen schöne Motive sind und zum anderen
haben diese Kutter auch die Berechtigung
für die Nachwelt fotografisch erhalten zu bleiben.

Denn aktuell brennt die Kutter-Szene an der Nordsee.
Man weiss nicht, wie lange wir sdie Kutter und ihre Fischer noch an unserer Nordseeküste haben.

Ich hoffe, dass sie uns lange erhalten bleiben.

Der Büsumer Kutter SC 13 "Condor" wurde 1970 bei
Bueltjer & Co in Ditzum gebaut.
Damals bekam sie nach der Fertigstellung das
Fischereikürzel SC 14 zugeteilt und hatte als Heimathafen Friedrichskoog.
Sie fuhr früher mit einer 159 PS Maschine.
Seit dem 24.01.1992 fährt sie mit den jetzigen Kürzel und
dem Heimathafen Büsum.

Die "Condor" ist aus Holz gebaut und 15,90 m lang.
Sie hat eine Vermessung von
GT 30 to (Grosstonnage = Raumgehalt eines Schiffes).
Heute leistet ihre Maschine 184 PS.
Den Schiffsnamen "Condor" durfte sie all die Jahre behalten.

SC 3 "Jan Maat", gebaut 1971 auf der Bootswerft Bieritz in Friedrichskoog.
Sie führte schon mehrere Schiffsnamen :
bis 1992 fuhr sie mit dem Fischereikürzel SD 19, als "Albatros".
Ab 1.Februar 1996 fuhr sie mit dem Kürzel NEU 236 weiter
als "Albatros", mit Heimathafen Neuharlingersiel.

Ab 19.Januar 1999 kam sie wieder nach Friedrichskoog und
bekam ihr Kürzel SD 19 zurück.

Das blieb bis zum 21.August 2003.
Am 30.Dezember 2003 erhielt sie ihren
jetzigen Namen : SC 3 "Jan Maat" mit Heimathafen Büsum.
Ihre Daten : 17,62 m lang, GT 35 to, 221 PS.

Der Büsumer Kutter SC 7 "Seefuchs" ist sogar ein echter Büsumer.
Unschwer zu erkennen, gehört das Schiff zu den grösseren Einheiten.

Sie wurde 1979 auf der Büsumer Schiffswerft
auf der alten Hafeninsel gebaut.

Sie ist 22,48 m lang und hat eine Vermessung von GT 90 to,
ihre Maschine leistet 221 PS .

Die Büsumer SC 1 "Doggerbank" wurde 1978 auf der ostfriesischen Werft Lübbe & Voss gebaut.

Die "Doggerbank" hat eine Vermessung von GT 68 to, ist 19 m lang und ihre Maschine leistet 204 PS.

Sie fuhr zuerst unter SU 12 "Marianne", Heimathafen Husum und ab Januar 2003 als SC 1 "Doggerbank".

Die SC 12 "Damkerort" wurde 1981 auf der Lübbe & Voss Werft am Ems-Jade Kanal in Ihlow/Westerende-Kirchloog gebaut.

*Bevor sie ein Büsumer Kutter wurde,
fuhr sie auch als "Damkerort" mit der Kennung BX 756 für Bremerhaven.*

Seit 26.06.1995 ist sie in Büsum beheimatet.

Der Kutter hat eine Länge von 22,45 m und ist mit GT 101 to vermessen.

Sie hat eine Maschinenleistung von 221 PS.

Die SC 11 "Anne-Gret" wurde 1994 auf der
dänischen Faaborg-Vaerft A/S in Faaborg gebaut.
Der aus Fiberglas/Plastik hergestellte Kutter ist 19,85 m lang
und hat eine Vermessung von GT 73 to.

Die Maschine leistet 221 PS.
Die "Anne-Gret" liegt mit dem Heck an der Pier,
um neue oder reparierte Netze auf die am Heck angebrachte
Netztrommel zu rollen.

Die SC 34 "Dithmarschen I" wurde 1969 bei Hans M. Hatecke und Sohn in Freiburg/Elbe gebaut.

Der hölzerne Krabbenkutter ist 18,08 m lang und hat eine Vermessung von GT 46 to.

Ihre Maschine hat eine Leistung von 184 PS.

Im Hafenbecken 3 liegt der Büsumer Kutter SC 43 "Anna Catharina".

Sie ist 22,74 m lang, hat eine Vermessung von GT 83 to,
die Maschinenleistung beträgt 221 PS.

Die "Anna Catharina" wurde
2003 bei VHB Marine in Antwerpen/Belgien gebaut.

*Ein nicht alltäglicher Besuch in Büsum.
Denn die HEIL 12 "Lille Dan" fischt normalerweise in der Ostsee.
Sie ist in Heiligenhafen beheimatet und wurde 1975
bei Kögel in Dänemark gebaut.
Ihre Vermessung ist GT 11 to, 9,97 m lang und hat 63 PS.*

*Ab 1990 fuhr sie als HEI 7 "Meike" Heimathafen Heikendorf und
ab 2005 als HEIL 12.
Sie liegt längsseits am Trawler SH 9 "Glaube" Heimathafen Heiligenhafen.
Die "Glaube" wurde 1995 auf der Scheepswerft Visser
im holländischen Den Helder gebaut.
Sie hat eine Vermessung von GT 167 to, ist 23,98 m lang und hat 221 PS.*

SC 4 "Mare Liberum", als "Aalte van Ente" 1985
bei Scheepsbouw Akkerman/Ijmuiden gebaut.
Sie ist 22,82 m lang, GT 82 to und hat 221 PS.
Ihre bisherigen Heimathäfen : UK 6 = Urk (NL), NC 320 = Cuxhaven,
UK 6 = Urk (NL), NC 320 = Cuxhaven und NC 320 = Emden.
Als NG 11 "Esther" fuhr sie ab Juni 2000,
wurde später in SAS 108 "Mare Liberum"
umbenannt, Heimathafen Sassnitz. November 2007 wiederum umbenannt in
SC 4 "Mare-Liberum", Heimathafen Büsum.

*Immer wieder ein herrlicher Anblick,
denn die SC 44 "Klaus Groth I" ist ein echter Oldtimer.*

*Sie wurde 1959 bei Hikema
und Zonen in Martenshoek/NL, gebaut.*

*Der Kutter hat eine Vermessung von GT 81 to,
ist 24,55 m lang und 221 PS.*

Der schöne blaue Kutter SD 33 "Marlies" aus Friedrichskoog, im Hafenbecken 2.

Die "Marlies" wurde 1973 auf der Schiffswerft Julius Dietrich in Oldersum an der Ems gebaut.

Sie hat eine Vermessung von GT 41 to, ist 17,24 m lang und 221 PS.

JAKORIWI
GOEDEREEDE

ACHAT
BÜSUM

Die GRE 34 "Hornsriff", Heimathafen Greetsiel wurde 1960
auf der Bootswerft Bieritz in Friedrichskoog gebaut.

Der Kutter ist 14,58 m lang,
hat eine Vermessung von GT 26 to und die Maschine leistet 221 PS.

Sie fuhr bis 21.Mai 2004 als SD 1 "Hornsriff".
Dann gab es wohl einen Eignerwechsel,
denn seit Juni 2004 fährt sie wieder als GRE 34 "Hornsriff".

SD 17 "Juliana-Luise", gebaut 1971 auf der Lübbe & Voss Werft in Ihlow / Westerende-Kirchloog, als SC 8 "Birgit I" für einen Büsumer Eigner.

Ab 12.Februar 2002 umbenannt in "Juliana-Luise" mit Heimathafen Friedrichskoog.
Der Kutter ist 17,05 m lang, GT 38 to und hat 204 PS.
Das grosse Bild links,
sowie das Bild über den Text zeigt die SD 17 "Juliana-Luise".

HUS 7 "Gila" ist ein weiteres Schiff von der ostfriesischen
Werft Lübbe & Voss, sie wurde 1976 gebaut.

Sie fuhr zuvor als "Nausikaa" (WIT 12), Heimathafen Wittdün/Amrum.

Ab 11.Februar 1997 fuhr sie als "Gila" HUS 7,
allerdings mit Heimathafen Nordstrand, denn erst später,
ab dem Mai 2004 bekam sie Husum als Heimathafen.

Die "Gila" hat eine Vermessung von GT 32 to,
ist 16,15 m lang und
hat eine Maschinenleistung von 183 PS.

Der Name sagt schon alles, wir haben keine Zeit.

Der Kutter SD 34 "Keen Tied" hier beim Wendemanöver.

Sie wurde 1973 bei Bueltjer & Co in Ditzum gebaut.

*Der Friedrichskooger Kutter "Keen Tied" ist 15,65 m lang,
hat eine Vermessung von GT 28 to
und die Maschine leistet 184 PS.*

Es kommen immer wieder Kutter aus Holland nach Büsum.

Wie hier die abgebildete UK-287 "Maarten Fetske".

Gebaut wurde der Kutter im Jahre 2000 im holländischen Urk.

Sie hat eine Vermessung von GT 78 to, ist 21,15 m lang.

Die Maschine leistet 221 PS und ihr Heimathafen ist Urk.

Der ostfriesische Kutter NG 9 "Nordsee" aus Emden, besuchte auch Büsum.

Die "Nordsee" hat eine Vermessung von GT 48 to, ist 19,33 m lang und die Maschine leistet 221 PS.

Gebaut wurde der kleine Kutter 1963 auf der K.Westerdijk Scheepswerf in Sluiszicht, Niederlande, als BOR 2 "Insulaner" Heimathafen Borkum.

Später 1995 wurde sie umbenannt im NG 9 "Haalje", Heimathafen Emden. Und ab 1996 abermals umbenannt in NG 9 "Nordsee" Emden.

Nicht jeden Tag kommt ein Kutter wie die ACC-9 "Ozean" aus Accumersiel nach Büsum.

Gebaut wurde der Kutter 1985 bei Lübbe & Voss im ostfriesischen Ihlow-Westerende-Kirchloog.

Die "Ozean" ist 18,95 m lang, hat eine Vermessung von GT 71 to und die Maschine leistet 221 PS.

Der kleine Krabbenkutter SD 16 "Polli" aus Friedrichskoog
an seinem Büsumer Stammliegeplatz,
gebaut 1979 bei Lübbe und Voss in Ostfriesland.

Der Kutter ist 16,04 m lang, hat eine Vermessung von GT 28 to und
die Maschine leistet 178 PS.

Die Männer der SC-58 "Thor" überprüfen nach der Fangfahrt die Netze, die oft repariert werden müssen.

Spaziergänge im Büsumer Hafen können durchaus interessant sein.
Kommt man an der Marscheider-Reparaturwerft vorbei,
sind auch gelegentlich Kutterverlängerungen zu bestaunen.

So wie auf diesen zwei Seiten zu sehen ist, wurde die PEL 16 "Maja",
2007 von 12,33 m auf 14,86 m verlängert.

Gebaut wurde die "Maja" bei Lübbe & Voss im
ostfriesischen Ihlow-Westerende-Kirchloog am Ems-Jade Kanal.

Damals hieß sie GRE 28 "Vorwärst", Heimathafen Greetsiel,
ab 27.7.1998 wurde sie ACC 11 "Tina", Heimathafen Accumersiel
und ab Februar 2006 kam sie als "Maja" nach Pellworm.

Sie hat heute eine Vermessung von GT 20 to und 184 PS.

Der Husumer Krabbenkutter SU 10 "Argus", mit der Vermessung von GT 43 to, 17,12 m Länge und einer Maschinenleistung von 221 PS.

"Argus" wurde 1979 bei Lübbe & Voss im ostfriesischen Ihlow / Westerende-Kirchloog gebaut.

Sie fuhr die ersten Jahre als GRE 7 "Emsstrom" und später, ab Mai 1998 kam sie als SU 10 "Argus" nach Husum.

Die SD 18 "Jeverland" wurde als HOO 53 "Jeverland" 1980
bei Lübbe & Voss in Ostfriesland gebaut.

Sie hat eine Vermessung von GT 49 to,
ist 17,15 m lang und die Maschine leistet 221 PS.

Am 27.März 2002 fuhr sie erstmalig als SD 18 "Jeverland",
Heimathafen Friedrichskoog.

Seit nunmehr Mai 2009 heisst sie SU 16 "Jonas" und
ist in Husum beheimatet.

*Es ist immer wieder schön zu sehen,
wie die Krabbenkutter nach einer Fangfahrt in den Büsumer Hafen
zurückkehren.
Danach kann man beim entladen der frischen, leckeren
Krabben zuschauen, wie sie sofort in die Kühlhalle oder auf einen
Kühltransporter kommen.*

*SW4 "Hartje" von der Insel Föhr, Heimathafen Wyk,
wurde 1986 bei Lübbe & Voss in Ihlow/Westerende-Kirchloog gebaut.*

*Sie hat eine Vermessung von GT 46 to,
ist 16,98 m lang und ihre Maschine leistet 221 PS.*

Linkes Bild : Die SD 6 "Cap Arkona" ,Heimathafen Friedrichskoog.

Sie wurde 1968 auf der Schiffswerft Schloemer im ostfriesischen Leer gebaut.

Hier ist sie auf der Schiffshebeanlage von Marscheider Maschinenbau in Büsum.

Bild unten läuft die "Cap Arkona" zum Krabbenfang aus.

Sie hat eine Vermessung von GT 59 to, ist 19,95 m lang und eine Maschinenleistung von 221 PS.

Der Cuxhavener Kutter CUX 14 "Saphir" war zur Reparatur-
oder einer Grundüberholung
auf der Marscheider Hebeanlage.

Gebaut wurde sie als DOR 4 "Saphir" Heimathafen Dorum,
auf der Schiffswerft Julius Dietrich in Oldersum.

Später, ab dem 25. Juli 1994 bekam sie das Kürzel CUX 14.

Sie ist 16,38 m lang, hat eine Vermessung von GT 41 to und 207 PS .

Die SD 22 "Kormoran" Heimathafen Friedrichskoog wurde 1976
auf der ostfriesischen Werft Lübbe & Voss
in Ihlow/Westerende-Kirchloog gebaut.

Sie hat eine Vermessung von GT 32 to, ist 16,42 m lang und
ihre Maschine leistet 184 PS.

Im Hintergrund ist ein Teil der ehemaligen Büsumer Werftanlage zu sehen.

Im linken Bild zu sehen ist der alte Arbeitsweg für die
Werftarbeiter der ehemaligen Büsumer Schiffswerft,
die ihre Tore 1986 für immer schloß.

Die SC 9 "Wotan" wurde als Fiberglasboot 1991
auf der dänischen Faaborg Vaerft in Faaborg gebaut.

Die "Wotan" ist 17,79 m lang und hat eine Vermessung von GT 46 to
und eine Maschinenleistung von 221 PS.

Beheimatet ist die "Wotan" in Büsum.

Die für die alljährlich in Büsum traditionelle Kutterregatta, wunderschön geschmückte SC 14 "Maret" wurde 1969 auf der Bootswerft Bieritz in Friedrichskoog gebaut.
Sie ist 17,99 m lang und hat eine Vermessung von GT 44 to und 184 PS.

Die "Rungholt" wurde 1990 bei Lübbe & Voss für
einen Eigner in Wyk a.Föhr
als "SW 3 "Rungholdt" in Ostfriesland gebaut.

Sie hat eine Vermessung von GT 53 to, ist 17,59 m lang
und ihre Maschine leistet 212 PS.

Am 12.Januar 2004 wurde sie in "Rungholt" umbenannt.

Seit dem 21.April 2009 fährt sie unter SD 21 "Rungholt"
mit Heimathafen Friedrichskoog.

SC 40 "Sirius" im Heimathafen Büsum.

Die "Sirius" wurde 1990 auf der holländischen Scheepswerf Metz
in Urk gebaut.
Sie ist 23,96 m lang, hat eine Vermessung von GT 86 to und 221 PS.

Ihre Namens-Vita : NC 324 "Klaasje" / Cuxhaven,
ab 7.August 1995 als SC 40 "Klaasje" mit Heimathafen Büsum.

Umbenennung am 11.Oktober 2007 in "Sirius".

Mit diesem Sonnenuntergang schliesst sich das Buch.

www.ingramcontent.com/pod-product-compliance
Lightning Source LLC
Chambersburg PA
CBHW062203220526
45470CB00009B/2909